SUKEN NOTEBOOK

チャート式
基礎からの　数学 B

完 成 ノ ー ト

【統計的な推測】

本書は，数研出版発行の参考書「チャート式 基礎からの　数学 B」の
第 2 章「統計的な推測」
の例題と練習の全問を掲載した，書き込み式ノートです。
　本書を仕上げていくことで，自然に実力を身につけることができます。

注意　本書の問題を解くにあたっては，必要に応じて正規分布表を用いてよい。

目　次

7. 確率変数と確率分布

基 本 例題 62 　　　　　　　　　　　　　　　　　　　　☐ ▶解説動画

1 から 8 までの整数をそれぞれ 1 個ずつ記した 8 枚のカードから無作為に 4 枚取り出す。取り出された 4 枚のカードに記されている数のうち最小の数を X とすると，X は確率変数である。X の確率分布を求めよ。また，$P(X \geqq 3)$ を求めよ。

練習 (基本) **62** 白球が 3 個，赤球が 3 個入った箱がある。1 個のさいころを投げて，偶数の目が出たら球を 3 個，奇数の目が出たら球を 2 個取り出す。取り出した球のうち白球の個数を X とすると，X は確率変数である。X の確率分布を求めよ。また，$P(0 \leqq X \leqq 2)$ を求めよ。

基本 例題 63

目の数が 2, 2, 4, 4, 5, 6 である特製のさいころが 1 個ある。このさいころを繰り返し 2 回投げて, 出た目の数の和を 5 で割った余りを X とする。確率変数 X の期待値 $E(X)$ を求めよ。

練習 (基本) **63** 2個のさいころを同時に投げて，出た目の数の2乗の差の絶対値を X とする。確率変数 X の期待値 $E(X)$ を求めよ。

6

基本 例題 64

X の確率分布が右の表のようになるとき，期待値 $E(X)$，分散 $V(X)$，標準偏差 $\sigma(X)$ を求めよ。

解説動画

X	1	2	3	4	5	計
P	$\dfrac{35}{70}$	$\dfrac{20}{70}$	$\dfrac{10}{70}$	$\dfrac{4}{70}$	$\dfrac{1}{70}$	1

練習 (基本) **64**　1枚の硬貨を投げて，表が出たら得点を 1，裏が出たら得点を 2 とする。これを 2 回繰り返したときの合計得点を X とする。このとき，X の期待値 $E(X)$，分散 $V(X)$，標準偏差 $\sigma(X)$ を求めよ。

基本 例題 65

袋の中に 1 と書いてあるカードが 3 枚, 2 と書いてあるカードが 1 枚, 3 と書いてあるカードが 1 枚, 合計 5 枚のカードが入っている。この袋から 1 枚のカードを取り出し, それを戻さずにもう 1 枚カードを取り, これら 2 枚のカードに書かれている数字の平均を X とする。X の期待値 $E(X)$, 分散 $V(X)$, 標準偏差 $\sigma(X)$ を求めよ。

練習 (基本) **65** 赤球 2 個と白球 3 個が入った袋から 1 個ずつ球を取り出すことを繰り返す。ただし，取り出した球は袋に戻さない。2 個目の赤球が取り出されたとき，その時点で取り出した球の総数を X で表す。X の期待値と分散を求めよ。

重要 例題 66

トランプのカードが n 枚 $(n \geqq 3)$ あり，その中の 2 枚はハートで残りはスペードである。これらのカードをよく切って裏向けに積み重ねておき，上から順に 1 枚ずつめくっていく。初めてハートのカードが現れるのが X 枚目であるとき

(1)　$X = k$ $(k = 1, 2, \cdots\cdots, n-1)$ となる確率 p_k を求めよ。

(2)　X の期待値 $E(X)$ と分散 $V(X)$ を求めよ。

10

練習 (重要) **66** n 本 (n は 3 以上の整数) のくじの中に当たりくじとはずれくじがあり，そのうちの 2 本がはずれくじである。このくじを 1 本ずつ引いていき，2 本目のはずれくじを引いたとき，それまでの当たりくじの本数を X とする。X の期待値 $E(X)$ と分散 $V(X)$ を求めよ。ただし，引いたくじはもとに戻さないものとする。

重要 例題 67

2枚の硬貨を同時に投げる試行を n 回繰り返す。k 回目 $(k \leqq n)$ に表の出た枚数を X_k とし，確率変数 Z を $Z = X_1 \cdot X_2 \cdot \cdots\cdots \cdot X_n$ で定める。

(1) $m = 0,\ 1,\ 2,\ \cdots\cdots,\ n$ に対して，$Z = 2^m$ となる確率を求めよ。

(2) Z の期待値 $E(Z)$ を求めよ。

練習 (重要) **67** n を 2 以上の自然数とする。n 人全員が一組となってじゃんけんを 1 回するとき，勝った人の数を X とする。ただし，あいこのときは $X=0$ とする。

(1) ちょうど k 人が勝つ確率 $P(X=k)$ を求めよ。ただし，k は 1 以上とする。

(2) X の期待値を求めよ。

基本 例題 68

袋の中に赤球が 4 個，白球が 6 個入っている。この袋の中から同時に 4 個の球を取り出すとき，赤球の個数を X とする。確率変数 $2X+3$ の期待値 $E(2X+3)$ と分散 $V(2X+3)$，標準偏差 $\sigma(2X+3)$ を求めよ。

練習 (基本) **68** 円いテーブルの周りに 12 個の席がある。そこに 2 人が座るとき，その 2 人の間にある席の数のうち少ない方を X とする。ただし，2 人の間にある席の数が同数の場合は，その数を X とする。

(1) 確率変数 X の期待値，分散，標準偏差を求めよ。

(2) 確率変数 $11X - 2$ の期待値，分散，標準偏差を求めよ。

基本 例題 69

(1) 確率変数 X の期待値を m，標準偏差を σ とする。確率変数 $Z=\dfrac{X-m}{\sigma}$ について，$E(Z)=0$，$\sigma(Z)=1$ であることを示せ。

(2) 確率変数 X の期待値は 540，分散は 8100 である。a，b は定数で $a>0$ として，$Y=aX+b$ で定まる確率変数 Y の期待値が 50，標準偏差が 10 になるとき，a，b の値を求めよ。

練習 (基本) **69** 確率変数 X は，$X=2$ または $X=a$ のどちらかの値をとるものとする。確率変数 $Y=3X+1$ の平均値 (期待値) が 10 で，分散が 18 であるとき，a の値を求めよ。

8. 確率変数の和と積, 二項分布

基 本 例題 70

解説動画

袋の中に, 1, 2, 3 の数字を書いた球が, それぞれ 4 個, 3 個, 2 個の計 9 個入っている。これらの球をもとに戻さずに 1 個ずつ 2 回取り出すとき, 1 回目の球の数字を X, 2 回目の球の数字を Y とする。X と Y の同時分布を求めよ。

練習 (基本) **70**　袋の中に白球が 1 個，赤球が 2 個，青球が 3 個入っている。この袋から，もとに戻さずに 1 球ずつ 2 個の球を取り出すとき，取り出された赤球の数を X，取り出された青球の数を Y とする。このとき，X と Y の同時分布を求めよ。

基本 例題 71

1個のさいころを2回続けて投げるとき，出る目の数を順に m, n とする。$m < 3$ である事象を A，積 mn が奇数である事象を B，$|m-n| < 5$ である事象を C とするとき，A と B，A と C はそれぞれ独立か従属かを調べよ。

練習 (基本) **71** 1枚の硬貨を3回投げる試行で，1回目に表が出る事象を E, 少なくとも2回表が出る事象を F, 3回とも同じ面が出る事象を G とする。E と F, E と G はそれぞれ独立か従属かを調べよ。

基 本 例題 72

袋 A の中には赤玉2個，黒玉3個，袋 B の中には白玉2個，青玉3個が入っている。A から玉を2個同時に取り出したときの赤玉の個数を X, B から玉を2個同時に取り出したときの青玉の個数を Y とするとき，X, Y は確率変数である。このとき，期待値 $E(X+4Y)$ と $E(XY)$ を求めよ。

練習 (基本) **72** 袋 A の中には白石 3 個，黒石 3 個，袋 B の中には白石 2 個，黒石 2 個が入っている。まず，A から石を 3 個同時に取り出したときの黒石の数を X とする。また，取り出した石をすべて A に戻し，再び A から石を 1 個取り出して見ないで B に入れる。そして，B から石を 3 個同時に取り出したときの白石の数を Y とすると，X, Y は確率変数である。

(1) X, Y の期待値 $E(X)$, $E(Y)$ を求めよ。

(2) 期待値 $E(3X+2Y)$, $E(XY)$ を求めよ。

基本 例題 73

1個のさいころを投げて，出た目の数が素数のときその数を X とし，それ以外のとき $X=6$ とする。次に，2枚の硬貨を投げて，表の出た硬貨の枚数を Y とするとき，X, Y は確率変数である。このとき，分散 $V(2X+Y)$, $V(3X-2Y)$ を求めよ。

練習 (基本) **73** 1 から 6 までの整数を書いたカード 6 枚が入っている箱 A と，4 から 8 までの整数を書いたカード 5 枚が入っている箱 B がある。箱 A，B からそれぞれ 1 枚ずつカードを取り出すとき，箱 A から取り出したカードに書いてある数を X，箱 B から取り出したカードに書いてある数を Y とすると，X，Y は確率変数である。このとき，分散 $V(X+3Y)$，$V(2X-5Y)$ を求めよ。

基本 例題 74

袋の中に $\boxed{1}$，$\boxed{3}$，$\boxed{5}$ のカードがそれぞれ 3 枚，4 枚，1 枚ずつ入っている。この袋の中から 1 枚取り出しては袋に戻す試行を 5 回繰り返し，k 回目 $(k=1,\ 2,\ \cdots\cdots,\ 5)$ に出たカードの番号が p のとき kp を得点として得られる。このとき，得点の合計の期待値と分散を求めよ。

練習 (基本) **74** 白球 4 個，黒球 6 個が入っている袋から球を 1 個取り出し，もとに戻す操作を 10 回行う。白球の出る回数を X とするとき，X の期待値と分散を求めよ。

重要 例題 75

座標平面上で，点 P は原点 O にあるものとする。2 つのさいころ A，B を同時に投げ，さいころ A の出た目が偶数のときは x 軸の正の向きへ出た目の数だけ進み，奇数のときは動かないものとする。さいころ B の出た目が奇数のときは y 軸の正の向きへ出た目の数だけ進み，偶数のときは動かないものとする。このとき，長さの平方 OP^2 の期待値を求めよ。

練習 (重要) **75**　1つのさいころを2回投げ，座標平面上の点Pの座標を次のように定める。

1回目に出た目を3で割った余りを点Pのx座標とし，2回目に出た目を4で割った余りを点Pのy座標とする。

このとき，点Pと点$(1,\ 0)$の距離の平方の期待値を求めよ。

基本 例題 76　　　　　　　　　　　　　　　　　　　　　　　□ ▷ 解説動画

$\boxed{1}$のカード5枚，$\boxed{2}$のカード3枚，$\boxed{3}$のカード2枚が入っている箱から任意に1枚を取り出し，番号を調べてもとに戻す試行を5回繰り返す。このとき，$\boxed{1}$または$\boxed{2}$のカードが出る回数をXとする。確率変数Xの期待値，分散，標準偏差を求めよ。

練習 (基本) **76**　さいころを 8 回投げるとき，4 以上の目が出る回数を X とする。X の分布の平均と標準偏差を求めよ。

基 本 例題 77

赤球 a 個，青球 b 個，白球 c 個合わせて 100 個入った袋がある。この袋から無作為に 1 個の球を取り出し，色を調べてからもとに戻す操作を n 回繰り返す。このとき，赤球を取り出した回数を X とする。

X の分布の平均が $\dfrac{16}{5}$，分散が $\dfrac{64}{25}$ であるとき，袋の中の赤球の個数 a および回数 n の値を求めよ。

練習 (基本) **77** (1) 平均が 6，分散が 2 の二項分布に従う確率変数を X とする。$X=k$ となる確率を P_k とするとき，$\dfrac{P_4}{P_3}$ の値を求めよ。

(2) 1 個のさいころを繰り返し n 回投げて，1 の目が出た回数が k ならば $50k$ 円を受け取るゲームがある。このゲームの参加料が 500 円であるとき，このゲームに参加するのが損にならないのは，さいころを最低何回以上投げたときか。

9. 正規分布
基 本 例題78

(1) 確率変数 X の確率密度関数 $f(x)$ が $f(x)=\dfrac{1}{2}x$ $(0\leqq x\leqq 2)$ で与えられているとき,次の確率を求めよ。

  (ア) $P(0\leqq X\leqq 2)$

  (イ) $P(0\leqq X\leqq 0.8)$

  (ウ) $P(0.5\leqq X\leqq 1.5)$

(2) 確率変数 X のとる値 x の範囲が $0\leqq x\leqq 3$ で,その確率密度関数が $f(x)=k(4-x)$ で与えられている。このとき,正の定数 k の値と確率 $P(1\leqq X\leqq 2)$ を求めよ。

練習 (基本) **78** (1) 確率変数 X の確率密度関数が右の $f(x)$ で与えられているとき，次の確率を求めよ。

$$f(x) = \begin{cases} x+1 & (-1 \le x \le 0) \\ 1-x & (0 \le x \le 1) \end{cases}$$

(ア) $P(0.5 \le X \le 1)$

(イ) $P(-0.5 \le X \le 0.3)$

(2) 関数 $f(x) = a(3-x)$ $(0 \le x \le 1)$ が確率密度関数となるように，正の定数 a の値を定めよ。また，このとき，確率 $P(0.3 \le X \le 0.7)$ を求めよ。

基本 例題 79

確率変数 X が区間 $0 \leqq x \leqq 6$ の任意の値をとることができ，その確率密度関数が

$f(x) = kx(6-x)$ （k は定数）で与えられている。このとき，$k = \overset{\text{ア}}{\boxed{}}$ ，

確率 $P(2 \leqq X \leqq 5) = \overset{\text{イ}}{\boxed{}}$ である。また，期待値は $\overset{\text{ウ}}{\boxed{}}$ で，標準偏差は $\overset{\text{エ}}{\boxed{}}$ である。

練習 (基本) **79** (1) 確率変数 X の確率密度関数 $f(x)$ が右のような
とき，正の定数 a の値を求めよ。

$$f(x) = \begin{cases} ax(2-x) & (0 \leqq x \leqq 2) \\ 0 & (x < 0, \ 2 < x) \end{cases}$$

(2) (1) の確率変数 X の期待値および分散を求めよ。

基本 例題 80

(1) 確率変数 Z が標準正規分布 $N(0,\ 1)$ に従うとき，次の確率を求めよ。

　（ア）　$P(0.3 \leqq Z \leqq 1.8)$

　（イ）　$P(Z \leqq -0.5)$

(2) 確率変数 X が正規分布 $N(36,\ 4^2)$ に従うとき，次の確率を求めよ。

　（ア）　$P(X \geqq 42)$

　（イ）　$P(30 \leqq X \leqq 38)$

練習 (基本) **80** (1) 確率変数 Z が標準正規分布 $N(0, 1)$ に従うとき，次の確率を求めよ。

(ア) $P(0.8 \leqq Z \leqq 2.5)$

(イ) $P(-2.7 \leqq Z \leqq -1.3)$

(ウ) $P(Z \geqq -0.6)$

(2) 確率変数 X が正規分布 $N(5, 4^2)$ に従うとき，次の確率を求めよ。

(ア) $P(1 \leqq X \leqq 9)$

(イ) $P(X \geqq 7)$

基本 例題 81

ある高校における 3 年男子の身長 X が，平均 170.9 cm，標準偏差 5.4 cm の正規分布に従うものとする。このとき，次の問いに答えよ。ただし，小数第 2 位を四捨五入して小数第 1 位まで求めよ。

(1) 身長 175 cm 以上の生徒は約何 % いるか。

(2) 身長 165 cm 以上 174 cm 以下の生徒は約何 % いるか。

(3) 身長の高い方から 4 % の中に入るのは，約何 cm 以上の生徒か。

練習 (基本) **81**　ある製品 1 万個の長さは平均 69 cm，標準偏差 0.4 cm の正規分布に従っている。長さが 70 cm 以上の製品は不良品とされるとき，この 1 万個の製品の中には何 % の不良品が含まれると予想されるか。

基本 例題 82　□

「次の 5 つの文章のうち正しいもの 2 つに ○ をつけよ。」という問題がある。いま，解答者 1600 人が各人考えることなくでたらめに 2 つの文章を選んで ○ をつけたとする。このとき，1600 人中 2 つとも正しく ○ をつけた者が 130 人以上 175 人以下となる確率を，小数第 3 位を四捨五入して小数第 2 位まで求めよ。

練習 (基本) **82**　さいころを投げて，1，2 の目が出たら 0 点，3，4，5 の目が出たら 1 点，6 の目が出たら 100 点を得点とするゲームを考える。

さいころを 80 回投げたときの合計得点を 100 で割った余りを X とする。このとき，$X \leqq 46$ となる確率 $P(X \leqq 46)$ を，小数第 3 位を四捨五入して小数第 2 位まで求めよ。

10. 母集団と標本

基 本 例題 83

1, 2, 3, 4, 5 の数字が書かれている札が，それぞれ 1 枚，2 枚，3 枚，4 枚，5 枚ずつある。これを母集団とし，札の数字を変量 X とするとき，母集団分布，母平均 m，母標準偏差 σ を求めよ。

練習 (基本) **83** 1, 2, 3 の数字を記入した球が，それぞれ 1 個，4 個，5 個 の計 10 個袋の中に入っている。これを母集団として，次の問いに答えよ。

(1) 球に書かれている数字を変量 X としたとき，母集団分布を示せ。

(2) (1) について，母平均 m，母標準偏差 σ を求めよ。

基本 例題 84

(1) 母集団 $\{1,\ 2,\ 3,\ 3\}$ から復元抽出された大きさ 2 の標本 $(X_1,\ X_2)$ について，その標本平均 $\overline{X}$ の確率分布を求めよ。

(2) 母集団の変量 x が右の分布をなしている。この母集団から復元抽出によって得られた大きさ 16 の無作為標本を $X_1,\ X_2,\ \cdots\cdots,\ X_{16}$ とするとき，その標本平均 $\overline{X}$ の期待値 $E(\overline{X})$ と標準偏差 $\sigma(\overline{X})$ を求めよ。

x	1	2	3	計
度数	11	8	6	25

練習 (基本) **84** (1) 基本例題 84 (1) において，非復元抽出の場合，$\overline{X}$ の確率分布を求めよ。

(2) 母集団の変量 x が右の分布をなしている。この母集団から復元抽出によって得られた大きさ 25 の無作為標本を X_1, X_2, ……, X_{25} とするとき，その標本平均 $\overline{X}$ の期待値 $E(\overline{X})$ と標準偏差 $\sigma(\overline{X})$ を求めよ。

x	1	2	3	4	計
度数	2	2	3	3	10

基本 例題 85

ある県において，参議院議員選挙における有権者の A 政党支持率は 30 % であるという。この県の有権者の中から，無作為に n 人を抽出するとき，k 番目に抽出された人が A 政党支持なら 1，不支持なら 0 の値を対応させる確率変数を X_k とする。

(1) 標本平均 $\overline{X} = \dfrac{X_1 + X_2 + \cdots\cdots + X_n}{n}$ について，期待値 $E(\overline{X})$ を求めよ。

(2) 標本平均 $\overline{X}$ の標準偏差 $\sigma(\overline{X})$ を 0.02 以下にするためには，抽出される標本の大きさは，少なくとも何人以上必要であるか。

練習 (基本) **85** A 市の新生児の男子と女子の割合は等しいことがわかっている。ある年において，A 市の新生児の中から無作為に n 人抽出するとき，k 番目に抽出された新生児が男なら 1，女なら 0 の値を対応させる確率変数を X_k とする。

(1) 標本平均 $\overline{X} = \dfrac{X_1 + X_2 + \cdots\cdots + X_n}{n}$ の期待値 $E(\overline{X})$ を求めよ。

(2) 標本平均 $\overline{X}$ の標準偏差 $\sigma(\overline{X})$ を 0.03 以下にするためには，抽出される標本の大きさは，少なくとも何人以上必要であるか。

基 本 例題 86

A 市の新生児の男子と女子の割合は等しいことがわかっている。ある年の A 市の新生児の中から 100 人を無作為抽出したときの女子の割合を R とする。

(1) 標本比率 R の期待値 $E(R)$ と標準偏差 $\sigma(R)$ を求めよ。

(2) 標本比率 R が 50 % 以上 57 % 以下である確率を求めよ。

練習 (基本) **86**　ある国の有権者の内閣支持率が 40 % であるとき，無作為に抽出した 400 人の有権者の内閣の支持率を R とする。R が 38 % 以上 41 % 以下である確率を求めよ。ただし，$\sqrt{6} = 2.45$ とする。

基本 例題 87

体長が平均 $50\,\mathrm{cm}$，標準偏差 $3\,\mathrm{cm}$ の正規分布に従う生物集団があるとする。

(1) 体長が $47\,\mathrm{cm}$ から $56\,\mathrm{cm}$ までのものは全体の何 % であるか。

(2) 4 つの個体を無作為に取り出したとき，体長の標本平均が $53\,\mathrm{cm}$ 以上となる確率を求めよ。

練習 (基本) **87**　17 歳の男子の身長は，平均値 170.9 cm，標準偏差 5.8 cm の正規分布に従うものとする。

(1)　17 歳の男子のうち，身長が 160 cm から 180 cm までの人は全体の何 % であるか。

(2)　40 人の 17 歳の男子の身長の平均が 170.0 cm 以下になる確率を求めよ。ただし，$\sqrt{10} = 3.16$ とする。

基本 例題 88

母平均 0，母標準偏差 1 をもつ母集団から抽出した大きさ n の標本の標本平均 $\overline{X}$ が -0.1 以上 0.1 以下である確率 $P(|\overline{X}| \leqq 0.1)$ を，$n = 100,\ 400,\ 900$ の各場合について求めよ。

練習 ㊦88 さいころを n 回投げるとき，1 の目が出る相対度数を R とする。$n = 500$, 2000, 4500 の各場合について，$P\left(\left|R - \dfrac{1}{6}\right| \leqq \dfrac{1}{60}\right)$ の値を求めよ。

11. 推　　定

基本 例題 89

ある工場で大量生産されている電球の中から無作為に抽出した 25 個について試験したところ，それら
の寿命の平均値は 1500 時間であった。製品全体の平均寿命を信頼度 95 % で推定せよ。ただし，製品
の寿命は正規分布に従い，標準偏差は 110 時間である。

練習 (基本) **89**　砂糖の袋の山から 100 個を無作為に抽出して，重さの平均値 300.4 g を得た。重さの
母標準偏差を 7.5 g として，1 袋あたりの重さの平均値を信頼度 95 % で推定せよ。

基本 例題 90

ある高校で 100 人の生徒を無作為に抽出して調べたところ，本人を含む兄弟の数 X は下の表のようであった。1 人あたりの本人を含む兄弟の数の平均値を，信頼度 95 % で推定せよ。ただし，$\sqrt{22} = 4.69$ とし，小数第 2 位を四捨五入して小数第 1 位まで求めよ。

本人を含む兄弟の数	1	2	3	4	5	計
度　数	34	41	17	7	1	100

練習 (基本) **90** (1) ある地方 A で 15 歳の男子 400 人の身長を測ったところ，平均値 168.4 cm，標準偏差 5.7 cm を得た。地方 A の 15 歳の男子の身長の平均値を，95 % の信頼度で推定せよ。

(2) 円の直径を 100 回測ったら，平均値 23.4 cm，標準偏差 0.1 cm であった。この円の面積を信頼度 95 % で推定せよ。ただし，$\pi = 3.14$ として計算せよ。

基本 例題 91

(1) ある高校の1年生100人について，バス通学者は64人であった。これを無作為標本として，この高校の1年生全体におけるバス通学者の割合を信頼度95％で推定せよ。

(2) ある意見に対する賛成率は約60％と予想されている。この意見に対する賛成率を，信頼度95％で信頼区間の幅が8％以下になるように推定したい。何人以上抽出して調べればよいか。

練習 (基本) **91** (1) ある工場の製品 400 個について検査したところ,不良品が 8 個あった。これを無作為標本として,この工場の全製品における不良率を,信頼度 95 % で推定せよ。

(2) さいころを投げて,1 の目が出る確率を信頼度 95 % で推定したい。信頼区間の幅を 0.1 以下にするには,さいころを何回以上投げればよいか。

１２．仮説検定

基本 例題 92

□ ▷ 解説動画

ある１個のさいころを 720 回投げたところ，１の目が 95 回出た。このさいころは，１の目の出る確率が $\dfrac{1}{6}$ ではないと判断してよいか。有意水準 5% で検定せよ。

練習 (基本) **92**　えんどう豆の交配で，2代雑種において黄色の豆と緑色の豆のできる割合は，メンデルの法則に従えば 3 : 1 である。ある実験で黄色の豆が428 個，緑色の豆が 132 個得られたという。この結果はメンデルの法則に反するといえるか。有意水準 5% で検定せよ。ただし，$\sqrt{105} = 10.25$ とする。

基本 例題 93

ある種子の発芽率は，従来 80% であったが，発芽しやすいように品種改良した。品種改良した種子から無作為に 400 個抽出して種をまいたところ 334 個が発芽した。品種改良によって発芽率が上がったと判断してよいか。

(1) 有意水準 5% で検定せよ。

(2) 有意水準 1% で検定せよ。

練習 (基本) **93** あるところにきわめて多くの白球と黒球がある。いま，900 個の球を無作為に取り出したとき，白球が 480 個，黒球が 420 個あった。この結果から，白球の方が多いといえるか。

(1) 有意水準 5% で検定せよ。

(2) 有意水準 1% で検定せよ。

基本 例題 94

内容量が 255g と表示されている大量の缶詰から，無作為に 64 個を抽出して内容量を調べたところ，平均値が 252g であった。母標準偏差が 9.6g であるとき，1 缶あたりの内容量は表示通りでないと判断してよいか。有意水準 5% で検定せよ。

練習 (基本) 94 ある県全体の高校で 1 つのテストを行った結果，その平均点は 56.3 であった。ところで，県内の A 高校の生徒のうち，225 人を抽出すると，その平均点は 54.8，標準偏差は 12.5 であった。この場合，A 高校全体の平均点が，県の平均点と異なると判断してよいか。有意水準 5% で検定せよ。